BEI GRIN MACHT SICH IHR WISSEN BEZAHLT

- Wir veröffentlichen Ihre Hausarbeit, Bachelor- und Masterarbeit

- Ihr eigenes eBook und Buch - weltweit in allen wichtigen Shops

- Verdienen Sie an jedem Verkauf

Jetzt bei www.GRIN.com hochladen und kostenlos publizieren

GRIN

Alexander Erhard

Der Kulturbegriff im bilingualen Geographieunterricht

GRIN Verlag

Bibliografische Information der Deutschen Nationalbibliothek:

Die Deutsche Bibliothek verzeichnet diese Publikation in der Deutschen National-bibliografie; detaillierte bibliografische Daten sind im Internet über http://dnb.d-nb.de/ abrufbar.

Impressum:

Copyright © 2011 GRIN Verlag GmbH
Druck und Bindung: Books on Demand GmbH, Norderstedt Germany
ISBN: 978-3-656-07747-3

Dieses Buch bei GRIN:

http://www.grin.com/de/e-book/183370/der-kulturbegriff-im-bilingualen-geogra-phieunterricht

GRIN - Your knowledge has value

Der GRIN Verlag publiziert seit 1998 wissenschaftliche Arbeiten von Studenten, Hochschullehrern und anderen Akademikern als eBook und gedrucktes Buch. Die Verlagswebsite www.grin.com ist die ideale Plattform zur Veröffentlichung von Hausarbeiten, Abschlussarbeiten, wissenschaftlichen Aufsätzen, Dissertationen und Fachbüchern.

Besuchen Sie uns im Internet:

http://www.grin.com/

http://www.facebook.com/grincom

http://www.twitter.com/grin_com

Leopold - Franzens Universität

Institut für Geographie

Arbeit zur Erhaltung des Zertifikats
„Bilinguale Geographie und Wirtschaftskunde"

Sommer 2011

Der Kulturbegriff im bilingualen Geographieunterricht

mit besonderer Fokussierung auf

den Unterricht als interkulturellen Diskursraum und die
Hybridität der Kultur darin.

Vorgelegt von:

Alexander Erhard

Innsbruck, am 28.09.2011

Inhaltsverzeichnis

1. Einleitung

In Österreich wurde „Interkulturelles Lernen" erstmals zu Beginn der 90er Jahre im Unterrichtsprinzip verankert. In den Lehrplänen der AHS und anderen Schultypen ist das „Interkulturelle Lernen" im allgemeinen Bildungsziel, unter Punkt 5 (Bildungsbereiche), als Prinzip eines erfolgreichen Unterrichts angeführt.

Interkulturelles Lernen im didaktischen Raum findet gewissermaßen ständig statt, doch der bilinguale Unterricht, im Falle meiner Arbeit der bilinguale Geographieunterricht, bietet einen idealen Nährboden für kulturelle Phänomene und Erfahrungen, die es zu reflektieren gibt. Dabei sollten Völkerverständigung, interkulturelle Kompetenz, Europakompetenz („The European Dimension"[1]) und Verständnis gegenüber „benachteiligten" Kulturen die pragmatischen Ziele des interkulturellen bilingualen Geographieunterrichts sein.

Neben der Möglichkeit ein interkulturelles Verständnis im bilingualen Unterricht zu entwickeln, spielt die Sprache natürlich auch eine wichtige Rolle und kann als Instrument zur Optimierung der interkulturellen Kompetenz verstanden werden. Denn im bilingualen Geographieunterricht lernt man nicht nur den wissenschaftlichen Wortschatz und Grammatik der Zielsprache, man bekommt auch einen Einblick auf die Kultur des zielsprachigen (Fremdsprachigen) Raums und auf deren Interpretation von anderen kulturellen Gegebenheiten beziehungsweise Gesellschaften.

Dieser eingeleitete Perspektivenwechsel trägt aber nicht nur zum Erforschen fremder Kulturen sondern auch zur Identifikation mit der eigenen Umgebung und Tradition bei. Man spricht in diesem Zusammenhang von „cultural awareness".

Aus diesen und vielen anderen Grünen, die im Laufe meiner Arbeit formuliert werden, sollte der bilinguale Geographieunterricht nicht nur als reine Unterricht in einer fremden Sprache stattfinden, sondern auch durch inhaltliche Modifikationen die Dimension des interkulturellen Lernen bewusst mit einbeziehen.

Ich habe in dieser Arbeit versucht die Probleme und Konfliktzonen des „Interkulturellen Lernens" zu erläutern. Ich habe versucht einen Überblick über die diffizile Thematik und scheinbar unmögliche Definition des Kulturbegriffs zu geben.

Dies gesagt, wünsche ich viel Spaß beim Lesen der Zertifikatsarbeit.

---

1 http://www.bayern-bilingual.de/gymnasium/userfiles/Allgemeine_Informationen/Ziele_des_BSU.pdf, zugegriffen am 25.09.11

2. Definition des Begriffs „Interkulturelles Lernen"

Der Begriff „Interkulturelles Lernen" an sich ist bereits ein äußerst universell angelegter Terminus, der sich schwierig in einer engen Definition zusammenfassen lässt. Frederike Klippel versucht dem Interkulturellen Lernen durch drei didaktische Eckpfeiler beziehungsweise Zielbereiche ein Gesicht zu geben: Sprachliche Kompetenz, Informative Umgebungskorrespondenz und Toleranz gegenüber der eigenen sowie fremden Kultur.[2] Robert Weber fasst in seinem Buch[3] die teils verschiedenen Definitionen des Begriffs „Interkulturellen Lernens" im europäischen Forschungsraum zusammen. „Gemeinsam ist sowohl der deutschen „Interkulturellen Erziehung", der französischen „education interculturelle" und der englischen „multicultural education", dass sie sich an ausländische und einheimische Schüler als Adressaten wendet und unter Einbeziehung der unterschiedlichen Kulturen versucht, ethnozentrischem Denken entgegenzuwirken und dadurch Vorurteile abzubauen."[4]

Auch die UNESCO fasst im Rahen ihrer Empfehlung die Erziehung zu internationaler Verständigung, Zusammenarbeit und Weltfrieden sowie zur Achtung der Menschenrechte und Grundfreiheiten unter dem Begriff „Internationale Erziehung zusammen und definiert sieben Ziele einer solchen Erziehung:[5]

a) eine Internationale Größenordnung und eine globale Anschauungsweise in der Erziehung auf allen Ebenen und in jeder Form;

b) Verständnis und Achtung gegenüber allen Völkern, ihrer Kultur, ihrer Zivilisation, ihren Werten und Lebensweisen; dies gilt für die Kultur des eigenen Volkes als auch der anderen Völker;

c) Erkenntnis der wachsenden Gegenseitigen Abhängigkeit der Völker und Nationen auf der ganzen Welt;

d) Fähigkeit zur Kommunikation mit anderen;

e) Erkenntnis nicht nur der Rechte, sondern auch der Pflichten, die den einzelnen, den gesellschaftlichen Gruppen und den Völkern gegenseitig obliegen;

f) Verständnis für die Notwendigkeit internationaler Solidarität und

---

2 Vgl. Klippel, Frederike: Zielbereiche und Verwirklichung interkulturellen Lernens im Englischunterricht, in: Der fremdsprachliche Unterricht 1, 1991, S. 15.
3 Weber, Robert: Bilingualer Erdkundeunterricht und internationale Erziehung, Nürnberg 1993.
4 Weber: Internationale Erziehung, S. 4.
5 Deutsche UNESCO-Kommission 1975, Abs 1b. Zit. Nach Weber: Internationale Erziehung, S. 5.

Zusammenarbeit;

g) Bereitschaft des einzelnen, zur Lösung der Probleme der Gemeinschaft, in der es steht, seines Landes und der Welt beizutragen.

Die Empfehlungen der UNESCO beziehen sich zwar nicht singulär auf den Lernenden in der Schule, sondern wohl eher auf einen lebenslänglichen gesellschaftlichen Entwicklungsprozess, so ist ein inhaltliche Nähe zwischen den Termini „Internationale Erziehung" und „Interkulturelle Erziehung" gut erkennbar und häufig werden diese Begriffe auch synonym verwendet.[6]

2.1.   Der Kulturbegriff im Kontext einer Internationalen/Interkulturellen Erziehung

Der Terminus der Internationalen Erziehung und Bildung verlangt dennoch eine genauere Eingrenzung des inhärenten Begriffs von Kultur, da die Verwendung dieses Wortes sowohl im allgemeinen als auch im fachwissenschaftlichen Gebrauch sehr vielschichtig und vieldeutig verwendet wird. Nieke geht sogar soweit, dass er von einer Undefinierbarkeit der Kultur zu sprechen. „Angesichts dieser Weite und Vieldeutigkeit des Begriffs Kultur halten viele jeden Versuch, den Begriff einzugrenzen und definieren zu wollen, von vornherein so problematisch, dass sie ihn erst gar nicht unternehmen."[7]
Aus diesem Grund möchte ich kurz den Kulturbegriff skizzieren, mit den ich in diese Arbeit verwende. Ich lehne mich hier sehr stark an Andreas Bonnet und Stephan Breidbach an, die „Kultur" als „[...] dasjenige Konzept in einem interkulturell orientierten Unterricht, das die größte Wirkungsmacht besitzt und das viele didaktische Entscheidungen offen und verdeckt determiniert"[8] sehen. Dazu erstellen beide eine Skizze, die den Begriff von drei Seiten beleuchten soll und wie sich zeigen wird, auch ergänzen.[9]

6   Vgl. Weber: Internationale Erziehung, S. 6.
7   Nieke, Wolfgang: Interkulturelle Erziehung und Bildung: Wertorientierungen im Alltag, Wiesbaden 2008, S. 36
8   Hallet Wolfgang: Bilingualer Sachfachunterricht als interkultureller Diskursraum, in: Bonnet, Andreas; Stephan, Breidbach [Hrsg]: Didaktiken im Dialog: Konzepte des Lehrens und Wege des Lernens im bilingualen Sachfachunterricht, Frankfurt 2004, S. 141.
9   Vgl. Bonnet et al.: Didaktiken im Dialog, S. 142ff.

2.1.1. „Kultur" als Konstrukt

Reale Gegenstände und Elemente haben keine bestimmte Bedeutung, den Sinn erfahren Dinge erst durch eine mentale Repräsentation. Wir erschaffen ein Bild oder einen Begriff und konstruieren dadurch ein System, welches Stuart Hall als „a system, by which all sorts of objects, people or events are correlated with a set of concepts or mental representations which we carry around in our heads"[10] bezeichnet.

Auf diese Weise wird aus der undefinierten Wirklichkeit unsere definierte Lebenswirklichkeit und „Kultur" entsteht. Dies wird natürlich dadurch begünstigt, dass eine große Zahl von Menschen, „[...] die im gleichen Kontext sozialisiert werden und leben, annähernd gleiche oder ähnliche konzeptuelle Strukturen entwickeln, im Diskurs zirkulieren und zur Grundlage ihres Verhaltens und Handelns machen"[11].

Nach dieser Definition bezeichnen wir „Kultur" also eine Ansammlung von Beschaffenheiten, die eine Gruppe von Menschen ähnlich beziehungsweise gleich interpretiert und somit eine Bedeutung konstruiert.[12]

2.1.2. „Kultur" als soziales Konstrukt

In jeder Gesellschaft gibt es eine vorherrschende gefestigte Definition des Konstrukts einer „Kulturgemeinschaft". Dies umfasst Konzepte, die wir alle für selbstverständlich halten und auch tradieren. Dies führt zu der zentralen Illusion, dass die Wirklichkeit auch tatsächlich so ist, wie es die Gemeinschaft sieht. Klaus P. Hansen sieht darin die Standardisierungen als Kern einer jeden Kultur. „Kultur umfasst Standardisierungen, die in Kollektiven gelten."[13] Dies impliziert auch die Wechselwirkung, dass die eben genannten Kollektive auch als Träger der Standardisierungen gelten und sich nach diesen selbst konstituieren. Schmid bezeichnet die gemeinsame Akzeptanz dieser Standardisierungen in ihrer Gesamtheit als das „Wirklichkeitsmodell einer Gesellschaft"[14].

Mit diesem Modell sind alle gesellschaftlichen Vorschriften und Definitionen verbunden,

---

10 Hall, Stuart [Hrsg.]: Representation: Cultural representatiobs abd signifying practices. London 1997, S. 17.
11 Hallet: Interkultureller Diskursraum, S. 142.
12 Vgl. Hu, Adelheid: Interkulturelles Lernen – Eine Auseinandersetzung mit der Kritik an einem umstrittenen Konzept, in: Zeitschrift für Fremdsprachenforschung 10/2, S. 297f.
13 Hansen, Klaus P.: Kultur und Kulturwissenschaft: Eine Einführung, 2. Aufl., Tübingen 2000, S. 39.
14 Vgl. Schmidt, Siegfried; Zurstiege, Guido: Orientierung Kommunikationswissenschaft – Was sie kann, was sie will, Reinbek 2000, S. 162.

sozusagen ein „[...] Programm der gesellschaftlichen Bedeutungszuschreibung (oder Semantik)"[15]. Dieses Programm, welches „unsichtbar konstruiert wird, kontrolliert das Verhalten der Akteure in einer Gesellschaft und gibt dem Treiben des Kollektives eine „Kultur". Die Anwendung des standardisierten Handelns durch Aktanten macht dieses Programm, diese Kultur, sichtbar. „Kultur" wird demnach aktiv von den Aktanten mitgestaltet, die dabei einerseits „an die Anwendungsspielräume von Kulturprogrammen gebunden"[16] sind, andererseits ist es aber durchaus möglich „neue Programmteile als Vorschriften zu etablieren und andere umzuwerten"[17]: Die schafft die Basis für Veränderungen in einer Kultur.

2.1.3.   Der semiotische Kulturbegriff nach Clifford Geertz

Kultur als „Konstrukt" (Kap. 2.1.1) und Kultur als ein „Programm von Standardisierungen" (Kap. 2.1.2) benötigen ein System symbolischer Vertretungen, die die unsichtbaren Programme und mentalen Konzepte „diskursiv zirkuliert, interaktiv aushandelt und extern [...] speichert und tradiert."[18] Stuart Hall formuliert es so: „Our shared conceptual map must be translated into a common language, so that we can correlate our concepts and ideas with certain written words, spoken sound or visual images"[19].
Kultur manifestiert sich also auch im Gebrauch von bestimmten Zeichen, Texten und Diskursen einer bestimmten Gruppe. Diese Semiotik ist ein notwendiges Gegenstück zum (sozial) konstruierten Kulturbegriff, denn erst durch den Gebrauch von Symbolen wird „Kultur" für Angehörige und auch Außenstehende zugänglich. Clifford Geertz nennt diese kulturbezogene Symbolik: „web of significance"[20] und spricht damit die Ähnlichkeit zwischen Kultur und Text an. Greetz negiert dabei die Vorstellung einer ganzheitlichen Illusion von Kultur, sondern spricht vielmehr von einem Kulturbegriff, der aus einer „vielstimmigen Diskurs- und Handlungswelt"[21] entsteht und sich durch „hoch differenten Bedeutungszuschreibungen"[22] definiert.
Die semiotische „Kultur" ist demnach ein vielfach vermitteltes und wechselwirkendes

---

15 Schmidt et al: Kommunikationswissenschaft, S. 163.
16 Ebd. S. 359.
17 Ebd. S. 359.
18 Hallet: Interkultureller Diskursraum, S. 143.
19 Hall: Representation, S. 18.
20 Geertz, Clifford: The interpretation of cultures, London 1993, S. 5
21 Hallet: Interkultureller Diskursraum, S. 143.
22 Ebd. S. 143.

System mit Versatzstücken, auch aus anderen Kulturen geholt, aus dem sich wiederum eine neue interkulturelle Erörterung ergibt.

3. „Kultur" als Objekt der Wissenschaften

Wie wir sehen, ist „Kultur", ob jetzt als konstruiertes Konzept oder als interpretierte Handlungswelt, Gegenstand vieler Wissenschaften und philosophischen Grundeinstellungen.

Doch oft führt dieses scheinbar abgeschlossene System einer „Kultur" dazu, dass dieses komplexe Modell den Eindruck herstellt, „Kultur" sei einheitlich und stabil. Der Sinn dahinter ist, dass der Begriff erst dadurch wissenschaftlich handhabbar gemacht wird. Um dieser Einbahnstraße entgegen zu wirken müssen wir im wissenschaftlichen, und somit auch schulischen, Diskurs die Konstruktivität und Diversität von „Kultur" immer reflexiv behandeln. Hallet formuliert dies folgendermaßen: „ Wann immer wir eine „Kultur" wissenschaftlich beschreiben, entsteht ein Konstrukt, das mit Annahmen über die Standardisierungen [...] arbeitet, das uns nur in textuellen [...] Manifestationen ausschnitthaft zugänglich ist [...]."[23] Diese eben angeführte Zitat impliziert weiters die Meinung, dass wir als Wissenschaftler vom Konstrukt unserer eigenen „Kultur" und den Vorstellungen gegenüber anderen „Kulturen" immer befangen sind.

3.1.   Wissenschaftskulturen[24]

Im vorigen Kapitel wird die Befangenheit der alltagsweltlichen Kulturdeutung kurz skizziert, doch diese „Skizze" trifft auch auf Wissenschaften an sich zu. Die Begriffe „Natur" und „Welt" sind für uns kaum direkt zugänglich, sondern auch hier halten wir uns an eine standardisierte Definition. Ein Beispiel einer solchen Definition wird von Böhme ansprechend dargestellt: „Als Natur [oder Welt, A.E] gilt, was von ihr gedacht und gewusst wird. Und es wurde zumeist das von ihr „gedacht" und „gewusst", was man mit ihr praktisch machen konnte oder wollte."[25]

---

23 Hallet: Interkultureller Diskursraum, S. 144f.
24 Vgl. Hallet: Interkultureller Diskursraum, S. 144f.
25 Böhme, Hartmut; Matusekt, Peter; Müller, Lothar: Orientierung Kulturwissenschaft: Was sie kann, was sie will. Reinbek 2000, S. 119f.

Kritisch reflektiert bedeutet dies, dass „Kultur" nur so weit zugänglich ist, was uns an „[...]

Wahrnehmung, Kognition und technischer Stilisierung [...]"[26] gegeben wird. Dies führt

dazu, dass Wissenschaften durch ihren spezifischen Natur- beziehungsweise

Weltdeutungen befangen sind.

Diese „Befangenheit" äußert sich auch in der Entwicklung von Fachdiskursen und der

dazugehörigen Fachsprachlichkeit, was Hallet als „Fachkulturalität"[27] definiert. Diese

„Fachkulturalität" kann eine Konfrontationsfläche im schulischen Unterricht bilden, wenn

„alltagsweltliche Formen der Weltdeutung zu Fremdheitserfahrungen führen."[28]

3.2.   Die Verbindung zwischen Alltagsgesprächen und wissenschaftlichen
        Diskursen

Wissenschaftliche Konzepte können nicht losgelöst von alltäglichen Begriffssystem

entstehen. Die Definition des wissenschaftlichen Terminus ist rückgekoppelt an ein nicht-

wissenschaftliches Begriffskonstrukt und „verwissenschaftlichen" dieses. Dieser

gegenseitige Rückkopplungseffekt bedeutet einerseits, dass ein wissenschaftliches

Konzept nicht vom umliegenden kulturellen Raum isoliert werden kann, anderseits ist jeder

schulische Unterricht auf eine Vernetzung der beiden Begriffssysteme und auch

Konstrukte angewiesen, so dass lebensweltliche Erfahrungen wissenschaftliche

Forschungen und Theorien pragmatisch und technisch untermauern können.

Aus dieser Mischung heraus ergibt sich im bilingualen Sachfachunterricht erst eine ganz

besondere „interkulturelle Konstellation"[29], denn hier passiert eine gezielte Mischung

zwischen alltäglichen Begriffen in der Muttersprache und wissenschaftlichen Termini in der

Zielsprache.

4. Kulturalität durch Sprachlichkeit

Sprache ist beziehungsweise manifestiert Kultur. Doch diesen kurzen Satz bedarf es mit

Bezug auf den bilingualen Sachfachunterricht, somit auch Geographie und

---

26 Hallte: Interkultureller Diskursraum, S. 144.
27 Ebd.: S. 144.
28 Hallet: Interkultureller Diskursraum, S. 144, zit. nach Bonnet et al, S. 52f.
29 Hallet: Interkultureller Diskursraum, S. 145.

Wirtschaftskunde, näher zu erläutern. Das gesprochene Wort dient als Medium, welches „Kultur" in unseren Köpfen konstruiert, erinnert und aufbewahrt. Wir verwenden unsere Sprachkompetenz nämlich teils dafür, dass unserer Kultur-orientiertes standardisiertes Denken seinen Weg in die Auslebung des Alltags findet und diesen damit entweder neu interpretiert oder auch in seiner Legitimität festigt. Zur gleichen Zeit wird dennoch die Vorstellung eines „reinen" Wissen am Leben gehalten, was seinen Ausdruck in einer „reinen" Wissenschaftssprache findet.[30] Im Gegenzug greift das Modell des „narrativen" Wissen genau diese Problematik auf. Robin Usher und Richard Edwards beschreiben diesen Brennpunkt treffend: „[...] for scientific knowledge to exist, it has to be expressed in language, in a form of a narrative. It is therefore subject to the rules which govern the ways in which languages are used within social formations"[31].

Auch die in der Zielsprache geführten wissenschaftlichen Diskurse im bilingualen Geographieunterricht sind von dieser sprachlichen und kulturellen Bilateralität gezeichnet. Die in den bilingualen Unterricht eingeführten Materialien, die im erarbeiteten didaktischen Konzepte und die kulturell bedeutungsgebenden Diskurse sind geprägt von eben der zielsprachlichen Kultur. Mit Differenzen ist daher selbstverständlich zu rechnen, sowohl in der Muttersprache als auch in der Zielsprache.

4.1 Kulturalität durch Sprachlichkeit

Fremdsprachliche Konzepte, oftmals auch zielsprachlich im bilingualen Unterricht, weisen selbstredend einen Argumentationsbezug zwischen Kultur und Sprache auf. „Dieser fällt je nach dem zugrunde liegendem Kulturbegriff – statisch-essenzialistisch oder diskursiv-dynamisch – unterschiedlich aus."[32] Dabei betrachtet das statisch-essenzialistische Kulturkonzept die Sprache als Unterscheidungsmerkmal und auch als Barriere zwischen verschiedenen Kulturen. So werden Sprecher der Muttersprache der einen Kultur zugerechnet und Sprecher der Zielsprache natürlich der anderen Kultur. Breidbach führt dies auf zwei Begründungsebenen zurück; er führt den Begriff des pragmalinguistischen

---

30 In Anlehnung an den französichen Philosophen Jean-Francois Lyotard, der mit seinem Werk „La condition postmoderne" (Das postmoderne Wissen) bereits von einer fehlenden Legitimität des „reinen" wissenschaftlichen Wissen spricht.
31 Usher, Robin; Edwards, Richard: Postmodernism and Education, London 1994, S. 156.
32 Breidbach, Stephan: Bildung, Kultur, Wissenschaft: Reflexive Didaktik für den bilingualen Sachfachunterricht, München 2007, S. 132.

beziehungsweise des humanistisch-sprachphilosophischen Kontexts.[33]

Unter der pragmalinguistischen Betrachtungsweise versteht man die Unterscheidung der Sprache als formales Beziehungskonstrukt von Zeichen und Sprache als umstandshalberes Kommunikationsinstrument.[34]Diese Differenzierung ermöglicht es uns zu verstehen, wieso die Einbeziehung des Zusammenhangs von Diskursen nötig ist. „In order to understand an utterance, not only linguistic but also social and cultural knowledge is required. In order to understand the other's utterance we must reconstruct the context of the utterance."[35]Die Quintessenz dieses Zitates ist, dass die Vielfalt der Sprachen der Vielfalt des menschlichen Geistes entspricht. Daraus ergibt sich, dass jede Sprache eine eigene Weltansicht vertritt und das die Sprache dabei das Mittel zum zwecks ist, aus dieser Anschauung eine Kultur zu formen. Das Lernen einer Sprache, im bilingualen Unterricht geht man von der Zielsprache aus, kann deshalb als Instrument „[...] der Erweiterung der durch die Erstsprache bedingten Weltansicht"[36] dienen, was die Sprache somit als „Kulturträger" nebendefiniert.

Ganz anders geht die dynamisch-diskursive Kulturalitätskonzept mit der Relation zwischen Kultur und Sprache um. Diese Konzept verurteilt besonders die „[...] traditionelle und deswegen gleichsam natürlich erscheinende Gleichsetzung von Kultur, Sprache und Nation."[37] Nach diesem Zitat muss man die Konsequenz ziehen, dass auch die Verwendung verschiedener Sprachen, wie es im bilingualen Geographieunterricht schließlich geschieht, nicht als Garant für interkulturelle Kommunikation im Unterricht verwendet werden kann. Dabei betont das dynamisch-diskursive Konzept stark den dialogischen Effekt von Sprache. „Diese ist insofern dialogisch, als ihre Praxis, das Sprechen, den Dialog zur Ermittlung von Bedeutung voraussetzt."[38] Diese Definition von dialogischer Sprache im Hinterkopf, kann man erkennen, dass das Verhältnis von Sprache und Kultur einen reichhaltigen Nährboden für Differenzerfahrungen bietet.

---

33 Vgl.: Breidbach: Reflexive Didaktik, S. 132.
34 Diese Unterscheidung wurde erstmals vom Schweizer Sprachwissenschaftler Ferdinand de Saussure angesprochen. Er unterteilte die Sprache in *langue* (Sprache als Beziehungssystem) und *parole* (Sprache als Kommunikationsmittel).
35 Bredella, Lothar: For a flexible model of intercultural understanding, in: Alred, Geoff; Byram, Michael; Fleming, Mike (Hrsg.): Intercultural experiance and education, 2003, S. 47.
36 Breidbach: Reflexive Didaktik, S. 133.
37 Hu: Interkulturelles Lernen, S. 239.
38 Breidbach: Reflexive Didaktik, S. 133.

5. Die Kulturalität in der didaktischen Erörterung

Es ist logisch, dass didaktisches Vorgehen nicht den gleichen Regeln der kulturellen Ausrichtung gehorchen wie etwa andere soziale Handlungen in einer Gesellschaft. Kulturelle Didaktik ist „[...] vielmehr der Kern der Weitergabe kultureller Praktiken, Techniken und des Wissens in einer Gesellschaft"[39] und bilden somit die Verbindung von kulturellen methodischem Vorgehen und kultureller Vermittlung.

5.1.   Die „Didaktische Rekonstruktion"

Jede Handlung im im Lehrstoff vermittelnden Rahmen ist fest mit der Entscheidung verbunden, welches Wissen in welcher Form weitergegeben wird und impliziert damit auch eine Selektion gesellschaftlicher Urteile. Wissenschaftliche Modelle und Wissen wird demnach immer zugeschnitten für einen Diskurs im schulischen Unterricht, was wiederum eine „Prioritäten-Setzung" der Lehrperson bedeutet, welche natürlich ihre eigenen Theorien und Konzepte von Kultur verfolgt.

„Wenn „Kultur" aber eine Reflexionsdimension didaktischer Entscheidungen sein soll, müssen diese auch nach dem Muster der „Didaktischen Rekonstruktion" getroffen werden"[40]. Diese Modell schlägt vor, dass Unterrichtsfächer, demnach auch der Geographieunterricht, aus der Beziehung von wissenschaftlich-fachlichem Wissen und der lebensweltlichen-alltäglichen Sichtweisen didaktisch strukturiert wird.

Im bilingualen Sachfachunterricht und gerade eben im bilingualen Geographie tritt dieses Problem der Vermischung zwischen Wissenschaft und Alltag sofort zu Tage. Die alltagsweltlichen Sichtweisen der Schüler, sowohl gesellschaftliche als auch „natürliche" Themen betreffend, sind im allgemeinen in der Muttersprache geformt und abgefasst worden, die fachlich-wissenschaftlichen Perspektiven jedoch zielsprachlich und vor allem ziel-kulturell geformt sind. Wenn zudem auch noch zielsprachiges Lernmaterial in den Unterricht integriert wird, so kann sich der Unterschied zwischen den beiden Sichtpunkten deutlich vergrößern. Die, den fremdsprachlichen Unterrichtsmaterialien, unterliegenden Vorstellungen über die lebensweltlichen „kulturellen" Sichtweisen der Schüler und wissenschaftlichen Konzepte können in einem bilingualen (Annahme: Deutsch – Englisch)

---

39 Hallet: Interkultureller Diskursraum, S. 147.
40 Ebd.: S. 147.

auf entgegenwirkende wissenschaftliche und alltägliche Standpunkte treffen. Ein Lösungsansatz wird von Hallet formuliert: „Dies muss zu einer Hybridisierung der wissenschaftlichen und didaktischen Konzepte führen, denn eine deutsches (dichotomes) Nebeneinander oder ein vollständiger Einklang dürften selten sein."[41] Gängige Meinung ist, dass es wohl eher zu einem passiven Wechselspiel oder einer aktiven Verflechtung von Alltags- und Wissenschaftskulturen kommen.

5.2.   Die didaktische Erzeugung von Kultur

Dieses kurze Zwischenkapitel ist dazu da erneut daran zu erinnern, dass alle Hypothesen bezüglich „Kultur" im bilingualen Geographieunterricht selbst ein didaktisches Gebilde ist. Die Inszenierung eines interkulturellen bilingualen Unterrichts stellt unweigerlich eine Modellierung eines reduzierten Kulturbegriffs dar. Dazu aber mehr in Kapitel 6.

5.3.   Interkulturelle Profilierung im bilingualen Sachfachunterricht

Hallet propagiert in seinem Modell des „bilingual triangle" eine zu anstrebende kulturelle Profilierung von Themen und Gegenständen des bilingualen Unterrichts

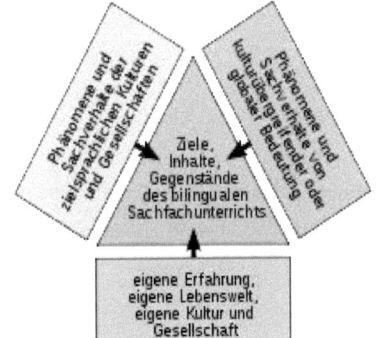

Abb1: Bilingual Triangle

Quelle: http://www.schuldorf.de/source/angebote/sprac hen/bilder/bilitri.gif, zugegriffen am 19.09.2011

„Bei dieser didaktischen Gegenstandskonstitution fließen durch die Auswahl und die Einspeisung von Elementen aus verschiedenen kulturellen Diskursen in die Ziele, Gegenstände und Inhalten des bilingualen Sachfachunterrichts unvermeidbar zugleich

---

41 Ebd.: S. 147.

kulturell verschiedene didaktische Annahmen und Theorien ein."[42]

Dabei soll das Modell (siehe Abb1.) eine Richtlinie darstellen, nach welcher (kulturelle) Ziele und Inhalte des bilingualen Geographieunterrichts konzipiert werden können. Dies gliedert sich in drei Zielfelder[43]:

1. Phänomene und Sachverhalte des Mutterlandes
2. Phänomene und Sachverhalte von Kulturen und Gesellschaften der Zielsprachländer
3. kulturübergreifende, kulturvergleichende, globale und universale Phänomene und Sachverhalte

Hallets Modell unterstützt die These in Gottfried Kellers Buch „Zehn Thesen zur Neuorientierung des interkulturellen Lernens, in welchem er einen Kulturenvergleich als unabdingbaren und nötigen Bestandteil des interkulturellen Lernens sieht.[44]

In einer sich rückbeziehenden didaktischen Dimension lässt sich die Problematik der kulturellen Diversifizierung und der Vielzahl der möglichen Zielbereiche leicht ergreifen und macht auch eine Vermischung der didaktischen Entscheidungswege klar erkennbar. Die daraus resultierende Hybridisierung des „didactic space"[45] im bilingualen Geographieunterricht ist ein heraus stechendes Merkmal des interkulturellen Unterrichts.

6.   Bilingualer Geographieunterricht als hybrider Raum

Das bisher Geschriebene in einem Fazit niederzuschreiben scheint mir unmöglich, die Komplexität des Themas verhindert dies. Im Grunde lässt sich dadurch ein „Sekundärfazit" ziehen: Die im bilingualen Geographieunterricht stattfindenden „[...] kulturellen, didaktischen, diskursiven und kognitiven Prozesse sind äußerst komplex"[46], auch wenn das „Bi" im Bilingualen von einem einem Zwei-Parteien Diskus ausgeht, was aber wiederum nicht gleich „interkulturell" bedeuten kann. Hallet sieht in dieser vereinfachten

---

42 Ebd.: S. 148.
43 Vgl.: Meyer, Christine: Bedeutung, Wahrnehmung und Bewertung des bilingualen Geographieunterrichts, Trier 2003, S. 23.
44 Vgl.: Keller, Gottfried: Zehn Thesen zur Neuorientierung des interkulturellen Lernens, In: Praxis des neusprachlichen Unterrichts 43, S. 233.
45 Hallet: Interkultureller Diskursraum, S. 148.
46 Ebd.: S. 149.

Form mehr ein „interplay"[47] zwischen den Kulturen als einen interkulturellen Austauschprozess.

Im bilingualen Erdkundeunterricht ist die Materie aber komplexer: Hier finden „[...] Aushandlungsprozesse und Bedeutungskonstruktionen innerhalb und zwischen verschiedener Diskurswelten statt, aber auch innerhalb und zwischen Diskurswelten verschiedener Sprachen und darüber hinaus wiederum immer zwischen alltagsweltlichen, wissenschaftlichen und didaktischen Diskursen."[48] Es lässt sich demnach erkennen, dass es sich hier um ein multiple Konstruktionen handelt, die sich nicht auf ein „bi" zurück dividieren lassen. Dabei ist wohl Hybridisierung das Stichwort, denn die vielseitigen Konstrukte und Diskurse des bilingualen Unterrichts können mit Sicherheit nicht singulär erfasst werden.

Damit wir diese Hybridisierung besser verstehen können, kommen wir nicht daran vorbei das „Bikulturalismus"-Modell zu kritisieren. Erst dann ist die Definition des hybriden didaktischen Raums im bilingualen Geographieunterricht verständlicher, denn „[...] wissenschaftshistorisch steht das Modell (Bikulturalismus, A.E) in einer begrifflichen Tradition eines landeskundlichen Kulturverständnisses, dessen Aktualität bezweifelt werden muss."[49] Dieses angesprochene Kulturverständnis im Bikulturalismus beruht auf die Gegenformation zu einer philosophisch eingeengten Hypothese von Kultur, die in der Nachkriegszeit ihre Wurzeln in die Fremdsprachendidaktik grub. Homi K. Bhabha, ein postkolonialer Theoretiker, geht dabei auf koloniale und postkoloniale Denkmuster zurück, da genau diese Opposition zwischen den beiden eine starre Barriere beim Prozess der kulturellen Verschmelzung bleibt.[50] Die Lösung, laut Bhabha, besteht in ein Konglomerat, auch genannt „third space" oder „Overlapping space", der es erlaubt, dass sich kulturelle Identitäten beziehungsweise kulturelle Sachverhalte vermischen (hybridisieren) und nicht in einer festen Definition sich gegenüber stehen. Dazu Bhabha: „[...] Hybridity to me is the thrid space, which enables other positions to emerge. [...] The process of cultural hybridity gives rise to something different, something new and unrecognisable, a new area of negotiation of meaning and representation."[51]

Das obige Zitat ist die ideale Beschreibung dafür, was täglich im bilingualen Geographieunterricht geschieht, und zwar als interkultureller Diskursraum. Während der

47 Ebd.: S. 149.
48 Ebd.: S. 149.
49 Breidbach: Reflexive Didaktik, S. 80.
50 Vgl. Bhabha K., Homi; Rutherford, Jonathan: The thrid space – Interview with Homi Bhabha, In: Rutherforf, Jonathan: Identity – Community, Culture, Diffference, London 1990, S. 209.
51 Bhabha: Third space, S. 211.

Hybridisierung werden neue noch nicht existente Bedeutungen kultureller Konstrukte und Verständnisgebilde geboren, die eben erst durch den „third space" im bilingualen Unterricht didaktisch zu organisieren. Dabei entstehen auch wieder inter-beziehungsweise transkulturelle hybride Austauschprodukte, welche erneut verstanden und beschrieben werden müssen. Bachmann-Medick spricht bei diesem Prozess von einer „dritten kulturellen Sprache"[52], die den hybriden Verschmelzungsraum greifbar macht.

Ich möchte dazu anmerken, dass die hier beschriebenen Prozesse und Eigenschaften des hybriden Diskursraums an der ideologischen Dekonstruktion von traditioneller Identitäten und deren Konstrukte mitarbeiten. Bhabha formuliert diese Fähigkeit folgendermaßen: „In ihm (hybrider Raum, A.E) kann etwas Anderes, etwas Neues, Unbekanntes entstehen. Dies gilt es wahrzunehmen und aktiv zu gestalten und nicht durch bi-polare Simplifizierungen und zwei- oder mehrschneidige Annahmen zu verhindern."[53]

6.1.   Ansätze für das Interkulturelle im bilingualen Geographieunterricht

All das Geschriebene benötigt jedoch Anwendungskonzepte für den ultimativen didaktischen Raum – den Unterricht. Hier stellt sich die Frage, was die Inszenierung eines interkulturellen Unterrichts in Wahrheit bedeutet. Adelheid Hu formuliert dazu die Bedingungen - Konstruktivität/Diskursivität/Kulturrealität des wissenschaftlichen Wissens - für eine reflexive beziehungsweise dimensionale Ebene des kulturellen Lernprozesses.[54] Singulär betrachtet ist es deshalb notwendig folgende Richtpunkte in die Modellierung eines interkulturellen bilingualen Geographieunterrichts zu beachten:

- Es muss eine Bewusstheit über die Konstruktivität von „Kultur" im bilingualen Geographieunterricht geschaffen werden. Es sollte dabei eingeplant sein, dass Kulturen keine abgekapselten beziehungsweise verplombten Systeme sind, sondern sich entwickelnde aktive „Diskurswelten"[55] darstellen, die zu einer Hybridisierung tendieren. Die Schüler müssen sich aber auch im Klaren sein, dass die eigene „Kultur" vom eigenen Denken, Fühlen und Agieren sind.

---

52 Bachmann-Medick, Doris [Hrsg.]: Kultur als Text: Die anthropologische Wende in der Literaturwissenschaft, Frankfurt 1996, S. 278.
53 Bhabha: Third space, S. 211.
54 Hu: Interkulturelles Lernen, S. 298ff und auch Hallet: Interkultureller Diskursraum, S. 150.
55 Hallet: Interkultureller Diskursraum, S. 150.

- Entwürfe, die in einen bilingualen Geographieunterricht eingebracht werden summieren sich durch ihre „Sprachlichkeit, Textualität und Diskursivität"[56] zu einer Kulturalität. Dies bildet im bilingualen Unterricht eine wichtige Reflexionsbasis für wissenschaftlichen Diskurse und diese Basis sollte auch die Grundebene für alle, die den Kulturbegriff betreffenden, curricularen beziehungsweise didaktischen Beschlüsse darstellen.

- Im bilingualen Geographieunterricht ist es notwendig, sowohl den verwendeten Kulturbegriff als auch die verschiedenen kulturellen Blickwinkel der Aktanten, welche ein wichtiger Bestandteil der theoretischen didaktischen Gedanken des Unterrichts sind, zu reflektieren.

- „Die jeweilige zielsprachige Fachkultur muss im Hinblick auf diskursbedingte (d.h. Hier: den Einzeltext und das Einzelphänomen übergreifende) Verstehenshürden reflektiert werden."[57] Aber auch fachsprachliche – im bilingualen Unterricht demnach zielsprachliche/fremdsprachliche – Erscheinungen müssen als kulturelle sinnbildliche Vertretungen und nicht als sprachliche Besonderheiten erfasst werden. Im bilingualen Geographieunterricht kann man demnach Probleme mit der Zielsprache als Sachkonflikt im Bezug auf die „Fremdkultur" verstehen. Dies gilt es durch didaktische beziehungsweise methodische Präventive zu entlasten.

Am Ende dieser Arbeit möchte ich dieses kurze Fazit ziehen: Jegliche, den Unterricht betreffenden, Meinungen über den naturwissenschaftlichen Raum („Welt" und „Natur") sollten dem Lernenden in ihrer Funktion als Konstrukt erkenntlich sein. Möglich wird dies durch eine gewissenhafte Gestaltung des Unterrichts durch kulturelle Bedeutungsdiskurse sowie kultur-forschende Methoden.

---

56 Vgl. Breidbach: Reflexive Didaktik
57 Hallet: Interkultureller Diskursraum, S. 150.

7. Literaturverzeichnis

Bachmann-Medick, Doris [Hrsg.]: Kultur als Text: Die anthropologische Wende in der Literaturwissenschaft, Frankfurt 1996.

Bhabha K., Homi; Rutherford, Jonathan: The thrid space – Interview with Homi Bhabha, In: Rutherforf, Jonathan: Identity – Community, Culture, Diffference, London 1990, S. 207-221.

Bredella, Lothar: For a flexible model of intercultural understanding, in: Alred, Geoff; Byram, Michael; Fleming, Mike (Hrsg.): Intercultural experiance and education, 2003.

Breidbach, Stephan: Bildung, Kultur, Wissenschaft: Reflexive Didaktik für den bilingualen Sachfachunterricht, Münnchen 2007.

Böhme, Hartmut; Matusekt, Peter; Müller, Lothar: Orientierung Kulturwissenschaft: Was sie kann, was sie will. Reinbek 2000.

Geertz, Clifford: The interpretation of cultures, London 1993.

Hall, Stuart [Hrsg.]: Representation: Cultural representatiobs abd signifying practices. London 1997.

Hallet Wolfgang: Bilingualer Sachfachunterricht als interkultureller Diskursraum, in: Bonnet, Andreas; Stephan, Breidbach [Hrsg]: Didaktiken im Dialog: Konzepte des Lehrens und Wege des Lernens im bilingualen Sachfachunterricht, Frankfurt 2004, S. 141-152.

Hansen, Klaus P.: Kultur und Kulturwissenschaft: Eine Einführung, 2. Aufl., Tübingen 2000.

Hu, Adelheid: Interkulturelles Lernen – Eine Auseinandersetzung mit der Kritik an einem umstrittenen Konzept, In: Zeitschrift für Fremdsprachenforschung 10/2, S. 277.303.

Keller, Gottfried: Zehn Thesen zur Neuorientierung des interkulturellen Lernens, In: Praxis des neusprachlichen Unterrichts 43, S. 227-236.

Klippel, Frederike: Zielbereiche und Verwirklichung interkulturellen Lernens im Englischunterricht, in: Der fremdsprachliche Unterricht 1, 1991, S. 15-21.

Meyer, Christine: Bedeutung, Wahrnehmung und Bewertung des bilingualen Geographieunterrichts, Trier 2003.

Nieke, Wolfgang: Interkulturelle Erziehung und Bildung: Wertorientierungen im Alltag, Wiesbaden 2008.

Schmidt, Siegfried; Zurstiege, Guido: Orientierung Kommunikationswissenschaft – Was sie kann, was sie will, Reinbek 2000.

Usher, Robin; Edwards, Richard: Postmodernism and Education, London 1994.

Weber, Robert: Bilingualer Erdkundeunterricht und internationale Erziehung, Nürnberg 1993.

http://www.schuldorf.de/source/angebote/sprachen/bilder/bilitri.gif, zugegriffen am 19.09.2011

http://www.bayern-bilingual.de/gymnasium/userfiles/Allgemeine_Informationen/Ziele_des_BSU.pdf, zugegriffen am 25.09.11